K. DHARMA REDDY
S.N. JAFFAR SADIK

# Otimização de parâmetros no corte de fio edm de aço inoxidável aisi 310

K. DHARMA REDDY
S.N. JAFFAR SADIK

# Otimização de parâmetros no corte de fio edm de aço inoxidável aisi 310

## Utilizando a análise relacional cinzenta

ScienciaScripts

**Imprint**

Any brand names and product names mentioned in this book are subject to trademark, brand or patent protection and are trademarks or registered trademarks of their respective holders. The use of brand names, product names, common names, trade names, product descriptions etc. even without a particular marking in this work is in no way to be construed to mean that such names may be regarded as unrestricted in respect of trademark and brand protection legislation and could thus be used by anyone.

Cover image: www.ingimage.com

This book is a translation from the original published under ISBN 978-620-8-16991-6.

Publisher:
Sciencia Scripts
is a trademark of
Dodo Books Indian Ocean Ltd. and OmniScriptum S.R.L publishing group

120 High Road, East Finchley, London, N2 9ED, United Kingdom
Str. Armeneasca 28/1, office 1, Chisinau MD-2012, Republic of Moldova, Europe
Printed at: see last page
ISBN: 978-620-3-51128-4

# Conteúdo

# RESUMO

No WEDM são aplicadas várias técnicas para melhorar a taxa de remoção de material (MRR), a rugosidade superficial (SR) e a largura de corte (KF) com diferentes combinações de eléctrodos. Os processos de maquinagem convencionais estão agora a ser substituídos por processos de maquinagem não tradicionais. A electroerosão por fio é um dos processos de maquinação não tradicionais. A rugosidade da superfície (SR), a taxa de remoção de material (MRR) e a largura de corte (KF) são de importância crucial no domínio dos processos de maquinagem. Este artigo resume a técnica de otimização de Taguchi, a fim de otimizar os parâmetros de corte em EDM de fio para o aço inoxidável AISI 310. No presente estudo, o aço inoxidável AISI 310 é utilizado como peça de trabalho, o fio de latão de 0,25 mm de diâmetro é utilizado como ferramenta e a água destilada é utilizada como fluido dielétrico para a experimentação, tendo sido utilizado o método L16 de Taguchi. Os parâmetros de entrada selecionados para otimização são o tempo de ativação do impulso (Ton) e o tempo de desativação do impulso (Toff), a tensão do fio (Wt) e a alimentação do fio. A pressão do fluido dielétrico, a corrente, a sensibilidade e o intervalo são considerados parâmetros fixos. Para cada experiência, a rugosidade da superfície e o tempo de maquinagem, o MRR e a largura do corte devem ser determinados utilizando a técnica de otimização de Taguchi, obtendo-se separadamente o valor ótimo. Os dados obtidos a partir do presente trabalho são analisados utilizando a ANÁLISE REALISTA DE CINZAS. Além disso, a análise de variância (ANOVA) é muito útil para identificar os principais gráficos de efeitos.

Palavras-chave: Taxa de remoção de material, Rugosidade da superfície, Largura de Kerf, Tempo de pulso ligado, Tempo de pulso desligado.

# CAPÍTULO - 1

# INTRODUÇÃO

## 1.1 INTRODUÇÃO

A maquinagem por descargas eléctricas de fio (WEDM) é um processo de fabrico de metal em que a forma pretendida é obtida através de descargas eléctricas. O material é removido da peça de trabalho através de uma série de descargas de corrente que se repetem rapidamente entre dois eléctrodos separados por um líquido dielétrico e sujeitos a uma tensão eléctrica. Um dos eléctrodos é o fio e o outro é a peça de trabalho. O processo depende do facto de o fio e a peça de trabalho não entrarem em contacto físico. Existem essencialmente dois tipos de electroerosão convencional, ou de chumbadouro, e de fio, ou de corte de fio. A EDM convencional utiliza uma ferramenta para dispersar a corrente eléctrica, o cátodo corre ao longo da peça metálica, o ânodo, e a corrente eléctrica reage para fundir ou vaporizar o metal. Como resultado do fluido dielétrico (normalmente um óleo de hidrocarboneto no qual o fio e a peça de trabalho estão imersos), as minúsculas aparas produzidas pelo processo são arrastadas para fora da peça.

A EDM de corte por fio (ou WCEDM) descarrega a corrente electrificada através de um fio fino, que actua como cátodo e é guiado ao longo do caminho de corte desejado, ou kerfs. O fluido dielétrico, neste caso geralmente água desmineralizada, é descarregado através do corte à medida que este avança, servindo novamente para transportar partículas e controlar as faíscas. O fio fino permite cortes de precisão, com cortes estreitos (~0,015 polegadas por norma, com cortes mais finos disponíveis) e tolerâncias de +/- 0,0001 polegadas possíveis. Esta precisão elevada permite cortes complexos e tridimensionais, e produz punções, matrizes e placas de decapagem altamente exactos.

O equipamento EDM de corte por fio é gerido por instrumentos controlados numericamente por computador (CNC), que podem controlar o fio num eixo tridimensional para proporcionar maior flexibilidade. Os cortes simples são efectuados através da variação das coordenadas x-y do cortador, sendo os cortes mais complexos conseguidos através da adição de eixos de movimento às guias do fio. Estão disponíveis máquinas e serviços de EDM de fio de quatro e cinco eixos. Enquanto a EDM convencional nem sempre consegue produzir cantos apertados ou padrões muito complexos, a maior precisão da EDM de fio permite padrões e cortes complexos. Além disso, a electroerosão por fio é capaz de cortar metais tão finos como 0,004 polegadas e materiais mais espessos até 16 polegadas de forma rotineira, sendo possível secções mais espessas. A partir de uma determinada espessura de material, a EDM de fio faz com que o metal se evapore, eliminando assim potenciais detritos. O fio de uma unidade WCEDM emite faíscas em todos os lados, o que significa que o corte deve ser mais espesso do que o próprio fio. Por outras palavras, uma vez que o fio está rodeado por um anel de corrente, o caminho de corte mais pequeno e mais preciso possível é o diâmetro adicionado do anel e do fio, os técnicos têm facilmente em conta esta dimensão adicional. Os fabricantes continuam a produzir fios cada vez mais finos para permitir cortes mais pequenos e uma precisão ainda maior.

## 1.2 PRINCÍPIO BÁSICO DA WEDM

O processo EDM de fio baseia-se na energia termoeléctrica. Esta energia é criada entre uma peça de trabalho e um fio submerso num fluido dielétrico com a passagem de corrente eléctrica. A peça de trabalho e o elétrodo estão separados por um pequeno intervalo específico chamado centelhador. As descargas de arco pulsado ocorrem neste intervalo preenchido com um meio isolante, de preferência um líquido dielétrico como o óleo de hidrocarbonetos ou a água desionizada (desmineralizada). Neste processo, não há contacto direto entre o fio e a peça de trabalho, eliminando assim os problemas de tensões mecânicas, vibrações e vibrações durante a maquinagem. Também arrefece os dois eléctrodos e elimina os produtos de maquinação da fenda A máquina EDM de corte a fio coloca uma tensão de impulso entre o fio do elétrodo e a peça de trabalho através de uma fonte de impulso, controlada por um sistema servo, para obter uma determinada fenda e realizar a descarga de impulso no líquido de trabalho entre o fio do elétrodo e a peça de trabalho. Devido à erosão da descarga por impulso, aparecem numerosos orifícios minúsculos, obtendo-se assim a forma necessária da peça de trabalho. À medida que o fio se move em direção à peça de trabalho, a distância entre as faíscas é reduzida de modo a que a tensão aplicada seja suficientemente elevada para ionizar o fluido dielétrico. As descargas de curta duração são geradas num espaço dielétrico líquido, que separa o fio da peça de trabalho. O fluido dielétrico serve para concentrar a energia da descarga num canal com uma área de secção transversal muito pequena. O diagrama esquemático da WEDM é apresentado na figura 1.1

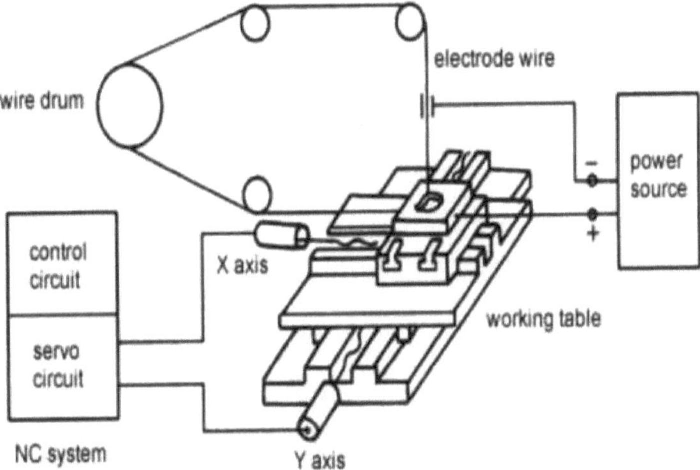


**Figura 1.1 Diagrama esquemático da WEDM**

A máquina WEDM RATNAPARKHI 2530 pro smart cut é utilizada na experiência.

O protótipo da máquina WEDM é apresentado na figura 1.2

Tem as seguintes caraterísticas.

> Provisão de impulsos Super Finish.

> Sistema de correção de desvios em linha.

> Função de alinhamento automático.

> Comando de entrada mínimo - 0,001 mm, incremento mínimo - 0,001 mm.

> Resolução de XYUV- 0,001mm.

> Fonte de alimentação de entrada- 3 fases, 415 V AC, Carga ligada- 1 k Va.

> Função MDI, função de programa intermédio, função de pré-parque, função de pré-jogging.

> Facilidade de corte com várias passagens, facilidade de corte complexo.

> Recuperação automática de curto espaço, execução de um único bloco, facilidade de zoom do programa, geração de perfil de engrenagem.

> Ver a posição original, superior e inferior da janela.

> DRO de 4 eixos incorporado.

> Melhor acabamento de superfície de 1 p.RA.

> Reinício do corte a partir da posição de falha de energia.

> Interface de ficheiros DXF, seleção automática de parâmetros, opção de entrada e saída tangencial, opção de múltiplas cavidades e múltiplas passagens com possibilidade de retenção, modificação do cone, opções de arco.

> Opção de geração rápida de trajetória, simulação gráfica 2D e visualização gráfica 3D com opção de rotação e zoom.

> Opção de modificação de trajetória, mudança de cone, salto de cone, cone progressivo, geração de trajetória e funções poderosas.

**1.2.1 Apresentação geral da máquina:**

A máquina EDM de corte por fio SMART CUT compreende

> Máquina-ferramenta

> Gerador de impulsos

> Unidade de refrigeração

**1.2.2 Máquinas-ferramentas**

> A máquina-ferramenta é composta principalmente por uma mesa de trabalho, normalmente designada por mesa X, mesa Y, eixo de mandril com motor, unidade automática

de tensão do fio com rolos, e outros.

> A mesa de trabalho desloca-se ao longo dos eixos X e Y em passos de 1 mícron por meio de motores de passo. A mesa auxiliar paralela à mesa X-Y também se move por meio de motores de passo.

> A máquina é capaz de produzir o corte cónico de +/- 10 graus em 50 mm com a ajuda do movimento da mesa auxiliar.

### 1.2.3 Gerador de impulsos

> O gerador SC 01 é composto principalmente por um ecrã de fácil utilização baseado no Windows para operar a máquina.

> Uma série de impulsos eléctricos gerados pela unidade geradora de impulsos é aplicada entre a peça de trabalho e o elétrodo de fio móvel, para causar a electroerosão do material da peça de trabalho. À medida que a remoção de material da maquinagem prossegue, a peça é deslocada transversalmente pelo controlador X-Y e é conduzida ao longo de um caminho predeterminado programado no controlador. As especificações da trajetória podem ser fornecidas ao controlador através de um programa.

> Quando a mesa X-Y se move ao longo do caminho predeterminado, se a mesa U-V for mantida estacionária, forma-se um corte reto com um padrão predeterminado.

> As vantagens do gerador SC01 é que pode desenhar um perfil num PC enquanto o modo de ignição está ligado.

### 1.2.4 Tanque

> O depósito de líquido de arrefecimento contém água macia para arrefecimento e fé de faísca completa.

> No reservatório do líquido de arrefecimento, são utilizados filtros de papel de 10 mícrones para filtrar o líquido de arrefecimento.

> O protótipo da máquina WEDM é mostrado na figura abaixo 1.2 e as especificações da máquina são tabuladas na coluna 1.1.

**Figura 1.2 Máquina WEDM**

**Quadro 1.1 Especificações da WEDM**

| PARÂMETRO | UNIDADE | 2530SMART CUT |
|---|---|---|
| Tamanho da mesa de trabalho | Mm | 500x400 |
| XY Traverse | Mm | 250x300 |
| Altura máxima Z | Mm | 200 |
| Ângulo de cone máximo | Grau | ±100/100mm |
| Peso máximo da peça de trabalho | Kg | 300 |
| Capacidade do reservatório dielétrico | Litros | 200 |

| Planta baixa | Mm | 2100x2100x2050 |
|---|---|---|

## 1.3 PRECAUÇÕES

> Confirme se a posição do botão de PARAGEM DE EMERGÊNCIA está libertada antes de ligar a alimentação.

> Manter as imediações da máquina em boas condições e dispor de luz suficiente para uma melhor visualização.

> Nunca mudar de lugar ou contornar os cães de limite de curso de segurança, os interruptores de limite de interbloqueio, etc. Para evitar o risco de choque elétrico, não toque no fio e no suporte de trabalho durante a faísca, fio vertical.

## 1.4 PARÂMETROS EM FIO EDM:

### Tempo de ativação do impulso

Durante este período, a tensão é aplicada através do fio elétrodo e do trabalho. A energia de descarga contida num único impulso, aumenta com o aumento de $T_{on}$, resultando numa maior taxa de corte.

### Tempo de desativação do impulso

Durante este período, a tensão entre os eléctrodos está ausente. Com um valor mais baixo de $T_{off}$ para um determinado período de impulso aumenta o tempo de impulso, resulta num maior número de descargas que aumenta a eficiência da faísca e a taxa de corte. No entanto, um valor muito baixo de $T_{off}$ provoca a quebra do fio e uma condição de descarga instável. Quando a faísca se torna instável, é melhor aumentar $T_{off}$, o que permite um fator de serviço de impulsos mais baixo, reduzindo assim a corrente média da abertura.

### Corrente de pico

A corrente de pico desempenha um papel vital na WEDM. É descrita em unidade de amperagem durante o tempo de $T_{off}$, a corrente aumenta até atingir o nível predefinido, que é denotado como Ip nas operações de desbaste é utilizado um Ip mais elevado.

## Ciclo de funcionamento ou ciclo de potência

É a fração de um período em que um sinal ou sistema está ativo. O ciclo de funcionamento é normalmente expresso como uma percentagem ou um rácio. Um período é o tempo que um sinal demora a completar um ciclo de ativação e desativação.

## Tensão

A tensão é a pressão exercida pela fonte de alimentação de um circuito elétrico que empurra os electrões carregados (corrente) através de um circuito condutor, permitindo-lhes realizar trabalho como, por exemplo, acender uma luz. Em resumo, tensão = pressão e é medida em volts (V).

## Diâmetro do fio

É o diâmetro do fio, aqui o diâmetro é de 0,25 mm.

**Pressão de lavagem do fluido dielétrico:** Geralmente, é necessária uma pressão de descarga elevada do dielétrico para cortar com valores mais elevados de potência de impulso e, especialmente, ao cortar os trabalhos de maior espessura. No entanto, deve ser utilizada uma pressão de entrada baixa para trabalhos finos e cortes precisos. Taxa de alimentação do fio Esta é uma taxa de alimentação na qual o fio novo é alimentado continuamente na zona de ignição durante a maquinação. Para trabalhar com uma potência de impulso mais elevada, são necessários valores mais elevados de taxa de alimentação do fio. A tensão do fio é uma carga equivalente em gramas com a qual o fio é continuamente alimentado no sistema, de modo a que o fio possa ser mantido sob tensão e permaneça direito entre as guias do fio. Devido às forças reactivas induzidas por faíscas e ao fluxo do dielétrico da água na zona de maquinagem, ocorrem vibrações e deflexões do fio que deterioram a precisão da maquinagem. A tensão do fio faz com que o fio fique direito entre as guias de fio durante a maquinagem.

**Ajuste do avanço do servo:** O parâmetro decide a velocidade servo da mesa de trabalho, que pode variar em proporção com a tensão de abertura ou pode ser mantida constante durante a maquinação.

**Tensão de regulação do limiar:** Esta é a definição do limiar para a ação corretiva em condições de descarga anormais. Em caso de curto-circuito, o controlador reduzirá drasticamente a corrente e percorrerá o caminho das faíscas no sentido inverso, de modo a ultrapassar a condição de curto-circuito.

## 1.5 IMPORTÂNCIA DO WEDM

Devido à sua versatilidade, os fabricantes utilizam a operação da máquina de corte por fio EDM para uma vasta gama de aplicações. Uma vez que o processo pode cortar peças muito pequenas, é frequentemente a escolha ideal para a produção de artigos pequenos e altamente detalhados que normalmente seriam demasiado delicados para outras opções de maquinagem.

### 1.5.1 Corte de impacto

A maquinagem de materiais duros requer normalmente um processamento intenso, em que as ferramentas têm de ser aplicadas com grande força e impacto para criar a forma pretendida. Isto tem algumas desvantagens, uma vez que os impactos podem criar tensões que distorcem o material durante o corte, bem como desgastar rapidamente a ferramenta. Isto torna a maquinação tradicional de peças delicadas um desafio. A electroerosão por fio permite a maquinação de materiais duros, frágeis e quebradiços sem impactos e tensões, desde que sejam condutores de eletricidade.

Uma vez que uma máquina EDM de fio utiliza descargas eléctricas através de um fio fino, é capaz de cortar formas precisas e intrincadas com facilidade, mesmo nos materiais mais duros ou mais frágeis. Como o fio pode criar uma gama infinita de formas diferentes, até mesmo contornos e furos minúsculos podem ser criados sem a necessidade de aquecer o material para amolecer e endurecer.

### 1.5.2 Tolerâncias elevadas

A maquinagem por fio EDM é mais precisa do que o laser, o corte por chama ou o plasma.

Não exerce qualquer força sobre a peça, o que faz com que a maquinagem por fio EDM seja capaz de atingir tolerâncias muito elevadas para obter dimensões precisas e um ajuste exato. Isto elimina a necessidade de processamento e acabamento adicionais das peças após a maquinagem.

### 1.5.3 Pressão de lavagem

Com um engenheiro de maquinagem experiente e eficiente, os projectos de electroerosão a fio podem ser criados e concluídos com um prazo de entrega mais curto, permitindo-lhe obter as suas peças essenciais mais rapidamente. A maquinagem por electroerosão a fio produz peças de elevada tolerância sem rebarbas ou distorção; a electroerosão a fio pode produzir peças com um único passo de processamento, poupando-lhe tempo e dinheiro preciosos.

### 1.5.4 Rentabilidade

É possível produzir moldes e matrizes de melhor qualidade a partir do corte por EDM de fio, a um custo inferior. Uma vez que qualquer material condutor de eletricidade pode ser maquinado de forma eficiente utilizando a maquinação por fio EDM, independentemente da sua dureza ou fragilidade, a maquinação demora menos tempo e pode ser concluída num único processo. Por este motivo, a EDM com fio também produz menos resíduos. Não há necessidade de tratamento térmico ou de limpeza das peças após a maquinação, uma vez que a electroerosão por fio pode cortar facilmente até mesmo materiais endurecidos. Com uma rápida execução por parte da empresa de maquinação, estas poupanças podem ser transferidas para si, para uma maquinação ainda mais económica.

Estas muitas vantagens da maquinação por fio EDM são as razões por detrás do mais recente investimento da Inverse Solutions numa nova máquina de fio EDM Makino de última geração. Ao escolher o processamento de fio EDM para o seu projeto, selecione uma empresa de maquinação experiente com maquinaria de alta qualidade para obter os resultados mais precisos, eficientes e de qualidade.

## 1.6 APLICAÇÕES

As aplicações da WEDM são as seguintes

> A WEDM é utilizada na perfuração de microfuros, corte de roscas, fresagem de perfis helicoidais, conformação rotativa e perfuração de furos curvos.

> Peças delicadas, como peças de cobre, podem ser maquinadas por WEDM.

> A WEDM pode ser aplicada a todos os metais e ligas condutores de eletricidade, independentemente dos seus pontos de fusão, dureza, tenacidade ou fragilidade.

> Uma vez que não há tensões mecânicas (sem contacto físico), as peças de trabalho frágeis e delgadas.

## 1.7 CLASSIFICAÇÃO DOS AÇOS:

Com base nas composições químicas, o aço pode ser classificado em quatro tipos básicos

* Aço carbono

* Liga de aço

* Aço inoxidável

* Aço para ferramentas

### 1.7.1 Aço-carbono:

O aço-carbono é o aço mais utilizado nas indústrias e representa mais de 90% da produção total de aço. Com base no teor de carbono, os aços-carbono são ainda classificados em três grupos.

(i) Aço de baixo carbono/aço macio

(ii) Aço de médio carbono

(iii) Aço de alto carbono

**Tabela 1.2: Tipos de aço-carbono e percentagem de carbono**

| S. Não | Tipos de aço-carbono | Percentagem de carbono |
|---|---|---|
| 1. | Aço de baixo carbono | até 0,25% |
| 2. | Aço de médio carbono | 0.25% - 0.60% |

| 3. | Aço de alto carbono | 0.60%-1.5% |
| --- | --- | --- |

## 1.7.2 Aço inoxidável:

O aço inoxidável é uma liga de aço à base de crómio com um teor de crómio de 10,5 por cento (mínimo). A criação de uma camada muito fina de Cr2O3 na superfície do aço inoxidável confere-lhe resistência à corrosão. A camada passiva é outro nome para esta camada. Aumentar a quantidade de crómio no material irá melhorar ainda mais a sua resistência à corrosão. O níquel e o molibdénio, para além do crómio, são utilizados para conferir caraterísticas desejáveis (ou melhores). O carbono, o silício e o manganês estão todos presentes em várias proporções no aço inoxidável.

Os aços inoxidáveis são ainda classificados como

i.   Aço inoxidável com ferrite

ii.  Aço inoxidável martensítico

iii. Aço inoxidável austenítico

iv.  Aço inoxidável duplex

v.   Aço inoxidável de endurecimento por precipitação

*Os aços de ferrite são ligas de ferro-crómio com estruturas cristalinas cúbicas centradas no corpo (BCC). São normalmente magnéticas e não podem ser endurecidas através de tratamento térmico, embora possam ser reforçadas com trabalho a frio.

*Os aços inoxidáveis austeníticos são os mais resistentes à corrosão dos aços inoxidáveis. Não são magnéticos e são resistentes ao calor. Os aços austeníticos são frequentemente fáceis de soldar.

*   Os aços inoxidáveis martensíticos são altamente fortes e duráveis, mas não são tão resistentes à corrosão como os outros dois tipos. Estes aços são tratáveis termicamente, altamente maquináveis e magnéticos

*   Aços inoxidáveis duplex: O aço inoxidável duplex tem uma microestrutura bifásica com grãos de ferrite e de aço inoxidável austenítico (ou seja, ferrite + austenite). Os aços

inoxidáveis duplex são aproximadamente duas vezes mais fortes do que os aços inoxidáveis austeníticos ou de ferrite.

* Os aços inoxidáveis de endurecimento por precipitação (PH) possuem uma resistência ultra elevada devido ao endurecimento por precipitação.

## 1.8 SELECÇÃO DO MATERIAL DA PEÇA

### 1.8.1 MATERIAL AISI 310:

Nesta experiência, foi escolhido o aço inoxidável AISI 310, com uma dimensão de 110x8x110 mm, para a realização da experiência: a placa[3] . O grau 310 é um aço inoxidável austenítico de carbono médio, para aplicações a altas temperaturas, como peças de fornos e equipamento de tratamento térmico. O grau 310 é livremente moldado em freio ou carretel numa variedade de utilizações de trabalho nos campos da manufatura, da construção e do automóvel. A configuração austenítica proporciona a estes graus uma tenacidade brilhante, diretamente para baixo. Tem excelente prevenção de oxidação em uma numerosa gama de ambientes cheios de atmosfera, bem como muitos meios corrosivos. Tem uma boa resistência à corrosão em serviço intermitente e uma propriedade de capacidade de soldadura brilhante em métodos de fusão padrão inteiramente disponíveis, tanto com como sem métodos de enchimento mostrados na fig. 1.3. Por conseguinte, é aplicável ao fabrico de correias transportadoras, tambores, queimadores, matrizes de estampagem, calibres, dispositivos, ferramentas auxiliares e utilizado nas indústrias de processamento químico.

**Tabela 1.3: Variedades de estrutura para o aço inoxidável de grau AISI 310**

|         | C     | Si   | P     | S    | Mn   | Cr   | Ni   | N    |
|---------|-------|------|-------|------|------|------|------|------|
| Mínimo  | -     | -    | -     | -    | -    | 24.0 | 19.0 | -    |
| Máximo  | 0.015 | 0.15 | 0.020 | 0.15 | 2.00 | 26.0 | 22.0 | 0.10 |

**Tabela 1.4: Propriedades mecânicas do aço inoxidável AISI 310**

| Grau | Densidade | Módulo de | Calor específico (j/Kg k) | Resistividade |
|------|-----------|-----------|---------------------------|---------------|

|  | $(kg/m)^3$ | elasticidade $(Gpa)$ |  | eléctrica $(Q-m)$ |
|---|---|---|---|---|
| 310 | 7850 | 230 | 530 | 90 |

**Fig. 1.3: Peça de trabalho em aço inoxidável AISI 310 antes da maquinagem**

## 1.9 RESUMO DA TESE:

Este relatório de projeto é composto por seis capítulos. As linhas gerais de cada capítulo são explicadas de seguida.

Chapter 1   consiste numa introdução à electroerosão a quente e ao material da peça

Chapter 2   A pesquisa bibliográfica e os objectivos do presente trabalho são discutidos

Chapter 3   trata da conceção de experiências

Chapter 4   O capítulo 4 é dedicado ao trabalho experimental efectuado. O capítulo 5 trata dos resultados e das discussões.

Chapter 6   discute as conclusões do trabalho experimental e as possibilidades de trabalho futuro no âmbito do projeto.

Chapter 7   Consiste em Referências.

# CAPÍTULO - 2

## REVISÃO DA LITERATURA

### 2.1 INTRODUÇÃO

Neste capítulo, é necessário fazer um levantamento dos trabalhos de investigação relacionados com a maquinagem por descarga eléctrica. A partir das leituras efectuadas nestes artigos e teses, a maior parte das preocupações prende-se com as definições de EDM, tais como a corrente de descarga, a tensão aplicada, o tempo de impulso ligado, o tempo de impulso desligado, o ciclo de trabalho, etc. e de que forma estes parâmetros afectarão os resultados da maquinagem, como MRR, Ra, TWR, etc.

### 2.2 REVISÃO DA LITERATURA

**B. Sidda Reddy et al. [2]** estudaram a influência da conceção de quatro factores, tais como a corrente, o servocontrolo, o ciclo de trabalho e a tensão de circuito aberto sobre os resultados em termos de MRR, TWR, SR e dureza na EDM de fundição sob pressão para a maquinagem de aço inoxidável AISI 304. Empregaram a técnica DOE com projeto de nível misto e analisaram para realizar um número mínimo de execuções. Conseguiram que, para obter um MRR mais elevado, a corrente, o servo e o ciclo de trabalho fossem fixados em níveis elevados e um nível de confiança de 95% com ordem descendente no caso do TWR com os mesmos factores.

**M.M. Rahman et al. [3]** descobriram experimentalmente as caraterísticas de maquinagem do aço inoxidável austenítico 304 através de maquinagem por descarga eléctrica. A investigação mostra que com o aumento da corrente aumenta o MRR e a rugosidade da superfície. A TWR aumenta com a corrente de pico até 150 p.seg. de tempo de impulso. E, a partir dos resultados, verificou-se que, para o elétrodo de cobre e para o tempo de impulso longo, não há desgaste da ferramenta com polaridade inversa.

**S. K. Dewangan [4]** investigou o efeito das definições dos parâmetros de maquinagem, como o tempo de impulso, a corrente de descarga e o diâmetro da ferramenta do material de aço para ferramentas AISI P20, utilizando um elétrodo de cobre em forma de U com a técnica de lavagem interior. As experiências foram efectuadas com a matriz ortogonal L18 baseada no método Taguchi. Além disso, as relações sinal-ruído associadas aos valores observados nas experiências foram determinadas pelo fator mais afetado pelas respostas da Taxa de Remoção de Material (MRR), do sobrecorte (OC) e da Taxa de Desgaste da Ferramenta (TWR).

**S. H. Tomadi et al. [5]** analisaram o efeito das configurações de maquinagem do carboneto de tungsténio nos resultados, tais como TWR, MRR e acabamento da superfície. O teste de confirmação foi efectuado para avaliar o erro entre os valores previstos e as execuções experimentais em termos de caraterísticas de maquinação. Descobriu-se que a ferramenta de tungsténio de cobre é utilizada para melhorar o acabamento da superfície da peça de trabalho. Utilizaram o DOE fatorial completo para a otimização e descobriram que, com um tempo de desativação maior, o desgaste da ferramenta de carboneto de tungsténio era menor e que, com o aumento da corrente, da tensão e do tempo de ativação, o desgaste da ferramenta aumentava.

**AKM Asif Iqbal e Ahsan Ali Khan [6]** optimizaram os parâmetros do processo de maquinagem para a operação de fresagem EDM de uma peça de aço inoxidável com ferramentas de cobre. Os parâmetros de entrada são as RPM da ferramenta, a taxa de avanço e a tensão, enquanto os resultados são MRR, TWR e Ra. O design composto central é utilizado para otimização, de modo a obter MRR, TWR e Ra mais elevados. A partir dos resultados, as definições de maquinação para uma condição óptima são feitas a 1200 RPM, tensão de 120V e taxa de avanço de 4pm/Seg.

**Norliana Mohd Abbas et al. [7]** analisaram as tendências de vários trabalhos de investigação sobre a electroerosão, como a electroerosão assistida por vibrações ultra-sónicas, a electroerosão a seco, a electroerosão com mistura de pós, a electroerosão à base de água e várias técnicas de modelização da electroerosão para obter um desempenho preciso e exato da electroerosão. Concluíram que a electroerosão assistida por vibrações ultra-sónicas é adequada para a micro maquinagem, a electroerosão a seco é rentável, a electroerosão à base de água proporciona um ambiente de trabalho seguro e condutor e a electroerosão com mistura de pós permite aumentar a qualidade da superfície, o MRR e o TWR.

**Singh et al [8]** investigaram a influência das configurações de maquinagem, como a corrente de pico, na MRR, no sobrecorte, na TWR e na Ra na EDM do aço ferramenta E31 tratado termicamente com diferentes ferramentas, como o cobre 16, o latão, o alumínio e o cobre-tungsténio. A partir dos resultados, o elétrodo de cobre e de alumínio proporciona um MRR mais elevado e o sobrecorte no diâmetro é mínimo com esta ferramenta.

**Sanjeev Kumar et al [9]** fizeram uma revisão das novas utilizações do processo de maquinagem por descargas eléctricas (EDM), com algum destaque para as perspectivas deste processo para a alteração da superfície. Para além da remoção do material de trabalho durante a maquinagem, a natureza fundamental do processo resulta também na erosão do material da ferramenta. A criação da passagem de plasma contendo vapores de material do material de trabalho em erosão e do elétrodo da ferramenta; e a pirólise do dielétrico afectam a composição da superfície após a maquinagem e, consequentemente, as suas propriedades. A transferência deliberada de material pode ser efectuada em condições de maquinagem específicas, utilizando eléctrodos compostos ou por uma quebra de pós metálicos no dielétrico ou ambos. Nesta revisão sobre a maravilha da modificação da superfície por maquinagem por descarga eléctrica e as tendências futuras das suas aplicações.

**B. Bhattacharyya et al. [10]** Experimentaram a electroerosão utilizando o desenvolvimento de um modelo matemático baseado no RSM para correlacionar o efeito interativo e de ordem superior nos parâmetros de maquinagem, tais como a corrente de pico e o tempo de impulso da integridade da superfície do aço M2 maquinado através da análise dos parâmetros de electroerosão na rugosidade da superfície, na espessura da camada branca e na densidade de fissuras na superfície. Com o modelo desenvolvido, avaliou-se a combinação óptima para minimizar a integridade da superfície.

**Dhar et al [11]** desenvolveram um modelo matemático não linear de segunda ordem para estabelecer a relação entre os parâmetros de maquinagem. Foi efectuada uma análise ANOVA para verificar o ajuste e a adequação do modelo. Os parâmetros do processo de EDM são a corrente, o tempo de impulso e a tensão de abertura sobre as respostas de MRR, TWR e ROC de um material compósito com uma ferramenta de latão com 30 mm de diâmetro cilíndrico.

**Puertas et al. [12]** investigaram a atenção dada à EDM para afundamento com uma seleção adequada das condições de maquinagem, que são os aspectos mais importantes da máquina. Verificaram que o impacto das caraterísticas de intensidade, período de pulso e ciclo de trabalho sobre o metal duro ou material duro como o 94WC-6Co. Eles determinam as caraterísticas: TWR, MRR e Ra através de simulações matemáticas serão alcançadas com o método DOE combinado com regressões múltiplas foi efetivamente aplicado à modelação para uma condição de maquinagem óptima. Quando a intensidade ou os tempos de impulso foram aumentados, o valor da rugosidade também aumentou. No caso do carboneto de tungsténio, devem ser utilizados valores baixos tanto para a intensidade como para o tempo de impulso.

**J. Simão et al [13]** investigaram o trabalho sobre a liga superficial das diferentes peças de trabalho na maquinação por EDM. Nas experiências, a metalurgia do pó produziu ferramentas e utilizou pós suspensos em líquido dielétrico. Com base nos resultados experimentais, a utilização de eléctrodos primários sinterizados feitos de carboneto de tungsténio resultou na formação de uma camada superficial modificada uniforme com algumas microfissuras e uma espessura média de até 30 gm.

**kllyyT. M. Chenthil Jegan et al [14]** determina a variedade de configurações de maquinação como corrente de pico, tempo de pulso ligado, tempo de pulso desligado em EDM destinado à maquinação de metal de aço inoxidável AISI202. Utilizaram a técnica de análise relacional cinzenta para otimizar os parâmetros de maquinação MRR e SR. Foi determinada a maior influência nominal e a ordem de importância das influências geríveis das caraterísticas físicas de desempenho múltiplo no processo de maquinagem EDM. Os resultados mostram que a corrente de descarga foi o principal parâmetro que afectou o MRR.

**S. Jai Hindus et al [15]** fizeram experiências através do projeto Box Behniken. Os efeitos mostram que a TWR e a MRR são profundamente afectadas pela utilização do tempo e da corrente de impulso (A). A ferramenta de cobre em forma de cilindro, com uma dimensão de 13 mm de diâmetro, é utilizada na maquinagem da peça de trabalho em aço inoxidável 316 L. No MRR, a causa mais importante foi o tempo de pulso, seguido da corrente de pico (A) e a menos significativa foi a tensão de abertura. O MRR aumentou linearmente com o aumento da corrente (A). Para o desgaste da ferramenta, o fator mais significativo foi a corrente (A), seguido do tempo de impulso (tw) e também lateralmente com o aumento da tensão.

**T. Rajmohan et al [16]** fizeram experiências utilizando a técnica de conceção de experiências no âmbito da matriz ortogonal L9 e considerando o efeito dos parâmetros de maquinagem da EDM, tais como o tempo de impulso, o tempo de desativação do impulso, a corrente e a tensão na MRR na maquinagem do aço inoxidável AISI304. Para a otimização, foram utilizadas a relação sinal/ruído e a análise de variância para analisar o efeito dos parâmetros na MRR e também para otimizar os parâmetros de corte.

**M. Kiyak e O. Cakir [17]** examinaram a influência das definições de EDM na rugosidade da superfície para maquinagem de aço ferramenta AISI P20. Os parâmetros selecionados são a corrente de descarga, o tempo de impulso e o tempo de pausa do impulso. Verificou-se que a rugosidade da superfície da peça de trabalho e da ferramenta era influenciada pela corrente de descarga e pelo tempo de impulso, com valores crescentes de SR e com valores mais baixos e tempos de pausa de impulso mais elevados, obtinha-se um bom acabamento da superfície.

**M. S. Reza et al [18]** optimizam os parâmetros controlados da EDM utilizando a maquinação por injeção do tipo flushing em caraterísticas de desempenho múltiplas utilizando o método GRA. Os parâmetros são optimizados em diferentes respostas, tais como MRR, TWR e SR. Para esta experiência, foi utilizada uma ferramenta de cobre e uma peça de trabalho em aço inoxidável AISI 304. O desenho da matriz ortogonal de Taguchi L18 foi planeado para as experiências. As configurações da máquina selecionadas são Ip, Ton, polaridade, tensão, pressão do líquido dielétrico e profundidade de maquinação.

**Ashok Kumar et al [19]** investigaram a maquinagem do aço para ferramentas EN-19 utilizando uma ferramenta tubular de cobre em forma de U com descarga interna por EDM. O projeto L18 OA de Taguchi foi utilizado em todos os ensaios. Verificaram que a MRR aumenta quando a corrente aumenta com a redução do tempo de impulso, a TWR aumenta com o incremento do tempo de impulso e o sobrecorte aumenta com o incremento da corrente.

**P. Srinivasa Rao et al [20]** desenvolveram um modelo matemático para prever a EDM de peças de aço inoxidável AISI 304 com base em respostas como TWR, MRR, Ra e HRB, utilizando um modelo de lógica difusa. Foi efectuada uma análise de regressão dos resultados experimentais e previstos para investigar o modelo. Foi estabelecida uma relação de regras difusas através da experimentação para reduzir o número de execuções.

**S. Abdurrehman Celik [21]** aplicou diferentes parâmetros a uma peça de trabalho feita de material em pó. Verificaram que o valor da rugosidade superficial medido no material em pó era mais baixo. A utilização de eléctrodos diferentes não tem grande influência na rugosidade da superfície.

> Estudar a condutividade eléctrica do eletrólito

> Para reduzir a rugosidade da superfície

> Para aumentar a MRR (taxa de remoção de material)

## 2.3 LACUNA NA INVESTIGAÇÃO

Após um estudo exaustivo da literatura, foram observadas várias lacunas na maquinação por WEDM.

> A revisão da literatura mostra que uma quantidade considerável de trabalho foi realizada por investigadores anteriores para estudar os parâmetros de maquinagem para estudar as

propriedades de maquinagem de vários materiais. Também se prevê que o método de Taguchi é um bom método para a otimização de vários parâmetros de maquinagem, uma vez que reduz o número de experiências.

> O efeito dos parâmetros do processo no aço de grau AISI 304 e AISI 316 não foi totalmente explorado utilizando WEDM com fio de latão como elétrodo, que é utilizado pela sua otimização e resistência, pelo que, devido às suas vastas aplicações, é necessária a otimização dos parâmetros de maquinagem, o que foi feito com o método Taguchi com grande precisão.

> A otimização multi-resposta do processo WEDM é outra área de destaque a que foi dada menos atenção em estudos anteriores.

## 2.4  OBJECTIVOS DO PRESENTE TRABALHO

**Amostra de peça de trabalho utilizando WEDM.**

> Otimização de quatro parâmetros de processo na taxa de remoção de material, rugosidade da superfície e largura de corte com variação dos parâmetros de entrada como tempo de pulso, tempo de pulso desligado, tensão do fio e alimentação do fio.

> Cada combinação de parâmetros é considerada de acordo com a matriz L16.

# CAPÍTULO - 3

# METODOLOGIA

## 3.1 CONCEPÇÃO DA EXPERIÊNCIA

Este capítulo trata do Design de Experiências, método de otimização utilizado para a seleção de combinações óptimas de parâmetros de processo.

Uma experiência é uma série de testes em que as variáveis de entrada são alteradas de acordo com uma determinada regra, a fim de identificar as razões para as alterações na resposta de saída. Assim, o objetivo das experiências é essencialmente investigar a influência dos parâmetros de entrada do processo no desempenho ou nos factores de controlo, através das respostas de saída/caraterísticas de saída de um sistema, de uma máquina ou de uma organização. Assim, a ênfase é colocada na Conceção de Experiências (DOE), ou conceção experimental, que é o nome dado aos métodos utilizados para orientar a escolha dos dados com métodos estatísticos adequados. A aleatorização refere-se à ordem aleatória em que as execuções da experiência devem ser efectuadas. Desta forma, as condições de uma série não dependem das condições da série anterior nem prevêem as condições das séries seguintes. O objetivo do bloqueio é isolar um efeito de enviesamento sistemático conhecido e impedir que este obscureça o número de experiências a realizar de forma eficiente. Normalmente, quando se trata de dados sujeitos a erro experimental (ruído), os resultados são significativamente afectados pelo ruído. Assim, é preferível utilizar os efeitos principais. Isto é conseguido organizando as experiências em grupos que são semelhantes entre si. Deste modo, as fontes de variabilidade são reduzidas e a precisão é melhorada.

## 3.2 TERMINOLOGIA EM COELHA

Para realizar um DOE, é necessário definir o problema e escolher as variáveis, que são chamadas factores ou parâmetros pelo designer experimental. Um espaço de projeto, ou região de interesse, deve ser definido, ou seja, uma faixa de variabilidade deve ser estabelecida para cada variável. O número de valores que as variáveis podem assumir no

DOE é restrito e geralmente pequeno. Por conseguinte, é possível lidar com variáveis qualitativas discretas ou com variáveis quantitativas discretas. As variáveis quantitativas contínuas são desacreditadas dentro do seu intervalo. Inicialmente, não há conhecimento do espaço de solução, e pode acontecer que a região de interesse exclua a conceção óptima. Se isto for compatível com os requisitos do projeto, a região de interesse pode ser ajustada mais tarde, logo que se perceba o erro da escolha. O método DOE e o número de níveis devem ser selecionados de acordo com o número de experiências que podem ser realizadas. O termo "níveis" significa o número de valores diferentes que uma variável pode assumir de acordo com a sua discretização. Normalmente, o número de níveis é o mesmo para todas as variáveis; no entanto, alguns métodos DOE permitem a diferenciação do número de níveis para cada variável. No desenho experimental, a função objetivo e o conjunto de experiências a realizar são designados por variável resposta e espaço amostral, respetivamente.

### 3.3 ABORDAGEM DE TAGUCHI

O método Taguchi foi desenvolvido por Genichi Taguchi no Japão para controlar os factores que influenciam a qualidade do produto/serviço. O método está relacionado com a procura dos melhores valores dos factores controláveis para tornar o problema menos sensível às variações. Este tipo de problema é designado por problema de conceção de parâmetros robustos de Taguchi.

O método Taguchi baseia-se em níveis mistos, desenhos factoriais altamente fraccionados e outros desenhos ortogonais. Distingue entre variáveis de controlo, que são os factores que podem ser controlados, e variáveis de ruído, que são os factores que não podem ser controlados, exceto durante as experiências no laboratório. São escolhidos dois desenhos ortogonais diferentes para os dois conjuntos de parâmetros. São eles: matriz interna, o desenho escolhido para as variáveis controláveis, e matriz externa, o desenho escolhido para as variáveis de ruído. O objetivo desse desenho é encontrar os parâmetros controláveis do processo para os quais o ruído ou a variação têm um efeito mínimo nas caraterísticas funcionais dos produtos ou do processo. Note-se que o objetivo não é encontrar as definições dos parâmetros para as variáveis de ruído incontroláveis, mas sim as variáveis de conceção controláveis. Para atingir esse objetivo, os parâmetros de controlo, também conhecidos como variáveis da matriz interna, são sistematicamente variados, estipulados pela matriz ortogonal interna. Para cada experiência da matriz interna, é realizada uma série de novas experiências variando os níveis das variáveis de ruído não controláveis. As combinações de níveis das variáveis são efectuadas utilizando a matriz ortogonal exterior. A influência nas caraterísticas de desempenho pode ser determinada utilizando o rácio S/N, em que S é o desvio padrão dos parâmetros de desempenho para cada experiência da matriz interna e N é o número total de experiências na matriz ortogonal externa. O rácio indica a variação funcional devida ao ruído. Utilizando este resultado, é possível prever quais as definições dos parâmetros de controlo que tornarão o processo insensível ao ruído. O método de Taguchi centra-se na conceção robusta através da utilização de matrizes ortogonais.

### 3.3.1 Matrizes ortogonais

Os métodos clássicos de conceção experimental são demasiado complexos e não são fáceis de utilizar. É necessário efetuar um grande número de experiências quando o número de parâmetros do processo aumenta. Para reduzir o número total de experiências, Sir Ronald Fisher desenvolveu a solução "Orthogonal Arrays". A matriz ortogonal pode ser considerada como um mecanismo de destilação através do qual passa a experiência do engenheiro. A matriz permite que o engenheiro varie várias variáveis ao mesmo tempo.

Taguchi utiliza a conceção de experiências utilizando uma tabela especialmente construída, conhecida como "Matrizes Ortogonais (OA)" para tratar o processo de conceção. A tabela OA (Array Seletor) é s. As Matrizes Ortogonais (OA) são um conjunto especial de quadrados latinos, construídos por Taguchi para apresentar as experiências de conceção de produtos. Uma matriz ortogonal é um tipo de experiência em que as colunas para as variáveis independentes são "ortogonais" entre si. As matrizes ortogonais são utilizadas para estudar o efeito de vários factores de controlo. As matrizes ortogonais são utilizadas para investigar as razões para identificar as funções de perda de qualidade. As grelhas ortogonais não são exclusivas de Taguchi. Foram descobertas muito antes. No entanto, Taguchi simplificou a sua utilização fornecendo conjuntos tabelados de matrizes ortogonais padrão, como se mostra no quadro 3.1.

**Tabela 3.1 Matriz ortogonal**

| | **Parâmetros** | | | | | | | | | | | |
|---|---|---|---|---|---|---|---|---|---|---|---|---|
| | - | 2 | 3 | 4 | 5 | 6 | 7 | 8 | 9 | 10 | 11 | 12 |
| | 2 | L4 | L4 | L8 | L8 | L8 | L8 | L12 | L12 | L12 | L12 | L16 |
| **NÍVEIS** | 3 | L9 | L9 | L9 | L18 | L18 | L18 | L18 | L27 | L27 | L27 | L27 |
| | 4 | L16 | L16 | L16 | L16 | L32 | L32 | L32 | L32 | L32 | - | - |
| | 5 | L25 | L25 | L25 | L25 | L25 | L50 | L50 | L50 | L50 | L50 | L50 |

### 3.3.2 Nível das experiências

São considerados quatro parâmetros de processo (n), nomeadamente o tempo de ativação do impulso, o tempo de desativação do impulso, a tensão do fio e a alimentação do fio, respetivamente. Cada parâmetro tem 4 níveis (P). A tabela seguinte mostra os parâmetros de EDM de fio e os seus níveis considerados para a experimentação.

**Tabela 3.2 Parâmetros de maquinagem e respectivos níveis**

| Parâmetro de maquinagem | Nível 1 | Nível 2 | Nível 3 | Nível 4 |
|---|---|---|---|---|
| Tempo de ativação do impulso | 125 | 135 | 145 | 155 |
| Tempo de desativação do impulso | 35 | 45 | 55 | 65 |

| Tensão do fio | 10 | 11 | 12 | 13 |
|---|---|---|---|---|
| Alimentação do fio | 30 | 40 | 50 | 60 |

La (Pn), [em que a= número de experiências, n = número de parâmetros, P = número de níveis] tem de ser realizado em diferentes peças de trabalho com diferentes tempos de impulso, tempos de paragem, tensão do fio e valor de alimentação do fio. Assim, é necessário otimizar o número de experiências a realizar. Por conseguinte, os parâmetros do processo são optimizados utilizando o Design de Experiências.

Número de níveis P= 4

Número de parâmetros n= 4 Por conseguinte, OA = L16 (4 )$^4$

Se o produto a otimizar tiver um sinal de entrada que decide diretamente a saída, a otimização envolve a determinação dos melhores níveis de factores de controlo para que a relação "sinal de entrada / saída" seja a mais próxima da relação desejada. Este tipo de problema é designado por "PROBLEMA DINÂMICO". Isto é melhor explicado por um Diagrama P que é mostrado abaixo. Mais uma vez, o objetivo principal das experiências de Taguchi - minimizar as variações na produção, apesar da presença de ruído no processo - é alcançado através da obtenção de uma melhor linearidade na relação entrada/saída.

## 3.4 Resumo

As experiências basearam-se na análise de Taguchi baseada em cinzentos, na qual os parâmetros de entrada, tais como o tempo de impulso, o tempo de desativação do impulso, a tensão do fio e a alimentação do fio, são variados utilizando uma matriz ortogonal L16.

# CAPÍTULO - 4

# EXPERIMENTAÇÃO

## 4.1. INTRODUÇÃO

Neste capítulo, explica-se a configuração experimental e a metodologia, a medição da MRR, da rugosidade da superfície e da largura do corte.

**Figura 4.1 Configuração da WEDM**

## 4.2 PROCEDIMENTO EXPERIMENTAL EM WEDM

> A peça de trabalho após a soldadura é fixada na máquina WEDM

> A peça de trabalho é dividida em L16 blocos ortogonais com cada bloco retangular de comprimento X largura X espessura na dimensão 15X15X8mm.

> Em seguida, cada bloco retangular é cortado alterando diferentes parâmetros de entrada de acordo com a matriz ortogonal L16.

> O tempo de maquinação para cortar cada matriz retangular é medido e é utilizado para calcular a taxa de remoção de material.

> Depois de cortar todos os blocos rectangulares, a rugosidade da superfície de cada lado do bloco retangular é medida com o instrumento Taly Surf. A largura de cada bloco retangular é medida com um micrómetro digital. Os furos rectangulares são maquinados utilizando a configuração WEDM mostrada nas figuras abaixo, variando os parâmetros do processo, como o tempo de impulso, o tempo de desativação do impulso, a tensão do fio com um fluido dielétrico, e as leituras de resposta correspondentes são registadas nas tabelas de experiências concebidas. A taxa de remoção de metal (MRR) é calculada como o rácio entre a diferença de peso da peça de trabalho e o produto do tempo de maquinagem e da densidade. Da mesma forma, a rugosidade da superfície é medida com o instrumento Taly Surf e a largura do corte é calculada.

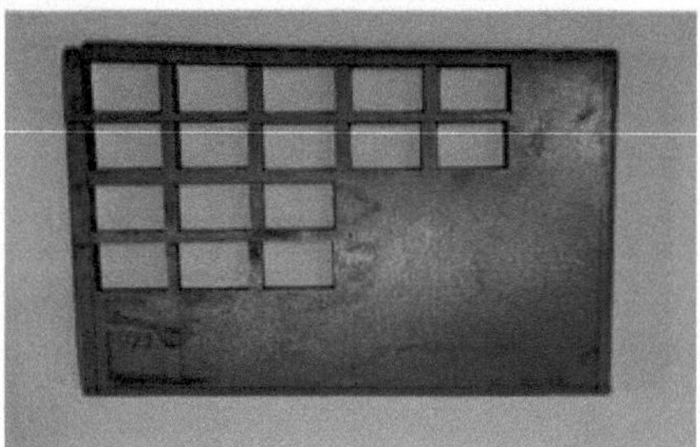

**Fig 4.2 Material da peça de trabalho após a maquinagem**

> Os blocos rectangulares obtidos após a maquinagem foram numerados e colocados em conformidade, como mostra a figura 4.3, após o que se calculou a rugosidade da superfície e a largura do corte.

**Fig 4.3 Blocos rectangulares cortados por WEDM**

## 4.3 ANÁLISE DAS EXPERIÊNCIAS

**Desenvolvimento de modelos matemáticos**

O procedimento de desenvolvimento do modelo matemático é apresentado nesta secção.

**Avaliação dos coeficientes do modelo matemático de regressão**

Foi utilizado um procedimento baseado na regressão para desenvolver um modelo matemático e para prever a rugosidade da superfície, a taxa de remoção de material e a largura do corte. A função de superfície de resposta que representa estes parâmetros pode ser expressa como Y=f (S, D e F) e a relação selecionada é a equação de regressão.

**Técnicas de otimização**

As técnicas de otimização, como a análise cinzenta, são utilizadas para encontrar os parâmetros de medição óptimos e as suas respostas. Utilizando os modelos matemáticos desenvolvidos, obtém-se o valor ótimo.

**Otimização dos parâmetros do processo utilizando a análise relacional cinzenta baseada em Taguchi**

A análise relacional cinzenta baseada em Taguchi é geralmente adoptada para resolver problemas de tomada de decisões com múltiplos atributos (otimização de respostas múltiplas).

A Análise Relacional Cinzenta (GRA), também designada por modelo de Análise de Incidências Cinzentas de Deng, foi desenvolvida por um professor chinês, Julong Deng, da Universidade de Ciência e Tecnologia de Huazhong. É um dos modelos mais utilizados da teoria dos sistemas cinzentos. A GRA utiliza um conceito específico de informação. Define as situações sem informação como pretas e as situações com informação perfeita como brancas. No entanto, nenhuma destas situações idealizadas ocorre em problemas do mundo real. De facto, as situações entre estes extremos são descritas como sendo cinzentas, nebulosas ou difusas.

O Sistema Cinzento (SG) é o sistema em que parte da informação é conhecida e parte é desconhecida. Até à data, a teoria GS tem vindo a desenvolver um conjunto de teorias e técnicas, incluindo matemática cinzenta, análise relacional cinzenta, modelação cinzenta, agrupamento cinzento, previsão cinzenta, tomada de decisões cinzenta, programação cinzenta e controlo cinzento, e tem sido aplicada com êxito em muitos domínios da engenharia e da gestão, como a indústria, a ecologia, a meteorologia, a geografia, os sismos, a hidrologia, a medicina e o exército. A principal vantagem da teoria de Grey é o facto de poder lidar com informações incompletas e problemas pouco claros de forma muito precisa. Serve como ferramenta de análise especialmente nos casos em que os dados são insuficientes.

A GRA é um novo método de análise, que foi proposto na teoria do sistema Grey. A GRA baseia-se na Matemática Geométrica, que cumpre os princípios da normalidade, simetria, totalidade e proximidade. A GRA é adequada para resolver inter-relações complicadas entre múltiplos factores e variáveis e tem sido aplicada com sucesso na análise de agrupamentos, no planeamento de percursos de robôs, na seleção de projectos, na análise de previsões, na avaliação do desempenho, na avaliação do efeito de factores e na decisão de múltiplos critérios. A secção seguinte apresenta uma explicação pormenorizada do método GRA.

O procedimento é apresentado a seguir.

> Identificar as caraterísticas de desempenho e os parâmetros do processo a avaliar.

> Determinar o número de níveis para os parâmetros do processo. Selecionar o OA apropriado e atribuir os parâmetros de processo ao OA.

> Realizar as experiências com base na disposição do OA.

> Normalizar os resultados experimentais do MRR.

> Efetuar a Análise Relacional Cinzenta e calcular o Coeficiente Relacional Cinzento.

> Calcular o grau de relação cinzenta através da média dos coeficientes de relação cinzenta.

> Analisar os resultados experimentais utilizando o grau relacional cinzento. Selecionar os níveis óptimos dos parâmetros do processo

### 4.3.1 Rácios sinal/ruído (rácios S/N)

A transformação dos valores de resposta em rácios S/N é o passo inicial. Para o cálculo dos rácios S/N, são utilizadas as equações "maior quanto melhor", "menor quanto melhor" e "nominal quanto melhor".

A análise subsequente é efectuada com base nestes valores da relação S/N.

Tipo 1: Quanto maior, melhor $S/NLB = -10\log_{10}\left[\frac{1}{n}\Sigma\frac{1}{vij2}\right]$

Tipo 2: Quanto mais pequeno, melhor $S/NSB = -10\log_{10}\left[\Sigma\frac{Yij}{n}\right]$

Tipo 3: O nominal é o melhor $S/NNB = 10\log_{10}\left[\Sigma\frac{1}{S2}\right]$

Em que Yij é o valor da resposta "j" na condição da experiência $i^{th}$, com i=1, 2, 3 ...*n;* j=1, 2...k e $S^2$ são a média e a variância da amostra.

### Normalização dos rácios S/N

Na segunda etapa da análise relacional cinzenta, o pré-processamento dos dados é efectuado primeiro para normalizar os rácios S/N. Isto é apresentado na Tabela 3.6. Yij é normalizado como Zij (0<Zij<1) através das seguintes fórmulas para evitar o efeito da adoção de unidades diferentes e para reduzir a variabilidade. O parâmetro de saída normalizado correspondente ao critério "quanto maior, melhor" pode ser expresso como

$$Zij = \frac{yij - \min(yij,\ i = 1, 2, \dots n)}{\max(yij,\ i = 1, 2 \dots n) - \min(yij,\ i = 1, 2 \dots n)} \tag{4.1}$$

Em seguida, para os parâmetros de saída, que seguem o critério de quanto mais pequeno melhor, pode ser expresso como

$$Zij = \frac{\max(yij,\ i = 1, 2, \dots n) - yij}{\max(yij,\ i = 1, 2 \dots n) - \min(yij,\ i = 1, 2 \dots n)} \tag{4.2}$$

max (yij, i = 1,2....nJ-min(yij, i = 1,2....n)

**Coeficientes relacionais cinzentos**

O coeficiente de relação de Grey é calculado para exprimir a relação entre os resultados experimentais normalizados ideais (melhores) e reais. Antes disso, é determinada a sequência de desvios para a sequência de referência e de comparabilidade. O coeficiente de relação cinzenta pode ser expresso da seguinte forma

$$\xi_i(k) = \frac{\Delta\min + \xi\Delta\max}{\Delta 0i(k) + \xi\Delta\max} \tag{4.3}$$

Em que, $\Delta 0i$ (k) é a sequência de desvio da sequência de referência e da sequência de comparabilidade.

$$\Delta 0i(k) = \| y0(k) - yi(k) \| \tag{4.4}$$

Amin = min min ‖ O grau de relação cinzenta é determinado pela média do coeficiente de relação cinzenta correspondente a cada caraterística de desempenho. É apresentado na tabela. A caraterística de desempenho global do processo de resposta múltipla depende do grau relacional cinzento calculado. O grau de relação cinzenta pode ser expresso como

$$\begin{aligned} &y_0\ (k) - y_j(k) \| \\ &\quad \forall j \in i \forall k \end{aligned} \tag{4.5}$$

$$\begin{aligned} &\Delta\max = \max \max |\ |y0\ (k) - yj\ (k)\ \| \\ &\quad \forall j \in i \forall k \end{aligned} \tag{4.6}$$

y0 (k) representa a sequência de comparabilidade. $\zeta$ é o coeficiente de distinção ou de identificação. O valor de $\zeta$ é o menor e a capacidade de distinção é a maior. $\zeta = 0,5$ é geralmente utilizado.

**Grau relacional cinzento**

O grau de relação cinzenta é determinado pela média do coeficiente de relação cinzenta correspondente a cada caraterística de desempenho. É apresentado no quadro. A caraterística de desempenho global do processo de resposta múltipla depende do grau de relação cinzenta calculado. O grau de relação cinzenta pode ser expresso da seguinte forma

$$\gamma_i = \left(\frac{1}{n}\right)\sum \xi_i(k) \tag{4.7}$$

Em que, yi é a classificação relacional cinzenta para a experiência $j^{th}$ e k é o número de caraterísticas de desempenho.

## 4.4 CÁLCULO DOS PARÂMETROS DE SAÍDA

### 1. MRR (Taxa de remoção de material)

A taxa de remoção de material (MRR) é a quantidade de material removido por unidade de tempo (normalmente por minuto) ao efetuar operações de maquinagem.

O MRR é calculado através da pesagem da peça de trabalho antes e depois da maquinação e a diferença é calculada dividindo-a pelo tempo de maquinação.

$$MRR = \frac{Wja - Wjb}{\rho T} \tag{4.8}$$

Wjb=Peso inicial da peça de trabalho antes da maquinagem, em gm

Wja=Peso final da peça após a maquinagem, em gm

$\rho$= Densidade do material de trabalho gm/mm$^3$ T=Tempo de maquinação em minutos.

**Amostra de cálculo:**

$$\frac{760-750}{34.35 \times 7851 \times 10^{-6}}$$

**=37.08 mm³/min**

## 2. Rugosidade da superfície (gs)

O parâmetro de rugosidade da superfície utilizado para avaliar a rugosidade da superfície é a média da rugosidade (Ra). Este parâmetro também é conhecido como valor médio aritmético da rugosidade, média aritmética ou média da linha central. A rugosidade média é a área entre o perfil de rugosidade e a sua linha central e é medida utilizando o instrumento Taly surf. Depois de maquinar os blocos, mede-se a rugosidade da superfície de cada bloco retangular.

## 3. Largura do corte (mm)

A largura do corte é medida em milímetros (mm). É a medida da quantidade de material que é desperdiçado durante a maquinagem e determina a precisão dimensional da peça acabada. A largura do corte é medida com um compasso de calibre digital, medindo a diferença entre a largura assumida e a largura obtida.

Os parâmetros de saída, como o MRR, a rugosidade da superfície e a largura do corte, estão tabelados na tabela 4.3

**Quadro 4.1 RESULTADOS EXPERIMENTAIS (310)**

| Tempo de ativação do impulso (gs) | Tempo de desativação do impulso (gs) | Tensão do fio (gm) | Alimentação do fio (mm) | MRR (mm³/min) | Rugosidade da superfície (gm) | Largura do cordão (mm) |
|---|---|---|---|---|---|---|
| 125 | 35 | 10 | 30 | 37.08 | 1.196 | 0.24 |

| 125 | 45 | 11 | 40 | 33.29 | 1.116 | 0.28 |
|-----|-----|-----|-----|-------|-------|------|
| 125 | 55 | 12 | 50 | 27.49 | 0.958 | 0.27 |
| 125 | 65 | 13 | 60 | 25.79 | 0.963 | 0.14 |
| 135 | 35 | 11 | 50 | 33.12 | 0.736 | 0.22 |
| 135 | 45 | 10 | 60 | 31.48 | 0.977 | 0.23 |
| 135 | 55 | 13 | 30 | 31.64 | 0.981 | 0.26 |
| 135 | 65 | 12 | 40 | 26.26 | 0.942 | 0.18 |
| 145 | 35 | 12 | 60 | 29.24 | 0.933 | 0.16 |
| 145 | 45 | 13 | 50 | 35.15 | 0.914 | 0.20 |
| 145 | 55 | 10 | 40 | 31.39 | 0.956 | 0.02 |
| 145 | 65 | 11 | 30 | 28.06 | 0.993 | 0.03 |
| 155 | 35 | 13 | 40 | 27.07 | 0.806 | 0.09 |
| 155 | 45 | 12 | 30 | 36.24 | 1.115 | 0.11 |
| 155 | 55 | 11 | 60 | 30.31 | 0.683 | 0.14 |
| 155 | 65 | 10 | 50 | 29.36 | 1.103 | 0.10 |

**Tabela 4.2 Tabela de resposta para os rácios sinal/ruído para MRR (quanto maior, melhor)**

| Nível | Tempo de impulso iis | Tempo de desativação do impulso iis | Tensão do fio kg-f | Alimentação do fio mm |
|-------|------|------|------|------|
| 1 | 29.71 | 29.94 | 30.16 | 30.38 |
| 2 | 29.69 | 30.63 | 29.86 | 29.35 |
| 3 | 29.78 | 29.59 | 29.42 | 29.86 |
| 4 | 29.71 | 28.73 | 29.45 | 29.29 |
| Delta | 0.10 | 1.89 | 0.74 | 1.10 |

| Classificaçã o | 4 | 1 | 3 | 2 |
|---|---|---|---|---|

A tabela de resposta para a relação sinal-ruído é apresentada na tabela 4.2 para MRR e observou-se que o valor delta para a relação sinal-ruído é mais elevado para o tempo de desativação do impulso, seguido do avanço do fio, da tensão do fio e do tempo de ativação do impulso.

**Tabela 4.3 Tabela de resposta para as médias de MRR**

| Nível | Tempo de impulso iis | Tempo de desativação do impulso iis | Tensão do fio kg-f | Alimentação do fio mm |
|---|---|---|---|---|
| 1 | 30.91 | 31.63 | 32.33 | 33.26 |
| 2 | 30.63 | 34.04 | 31.20 | 29.50 |
| 3 | 30.96 | 30.21 | 29.81 | 31.28 |
| 4 | 30.75 | 27.37 | 29.91 | 29.20 |
| **delta** | 0.34 | 6.67 | 2.52 | 4.05 |
| **Classificação** | 4 | 1 | 3 | 2 |

A tabela de resposta para as médias é apresentada no quadro 4.3 para a MRR e verificou-se que o desvio padrão é mais elevado para o tempo de desativação do impulso, seguido da alimentação do fio, da tensão do fio e do tempo de ativação do impulso. O tempo de desativação do impulso tem mais efeito na resposta do que os outros três factores.

**Tabela 4.4 Análise de variância para rácios S/N para MRR**

| Fonte | DF | Seq SS | Adj EM | F | P |
|---|---|---|---|---|---|
| Tempo de ativação do impulso | 3 | 0.286 | 0.0953 | 0.01 | 0.999 |

| | | | | | |
|---|---|---|---|---|---|
| Tempo de desativação do impulso | 3 | 93.260 | 31.0867 | 2.97 | 0.197 |
| Tensão do fio | 3 | 17.046 | 5.6821 | 0.54 | 0.685 |
| Alimentação do fio | 3 | 41.938 | 13.9793 | 1.34 | 0.408 |
| Erro residual | 3 | 31.357 | 10.4523 | | |
| Total | 15 | 183.887 | | | |

A análise da variância da tabela 4.4 acima apresentada para a taxa de remoção de material mostrou que o rácio F é mais elevado para o tempo de desativação do impulso, ou seja, o tempo de desativação do impulso é o parâmetro mais eficaz.

Os valores MRR tabelados são analisados no software MINITAB19 e foram obtidos rácios SN e gráficos para encontrar o parâmetro mais eficaz durante a maquinagem.

**Tabela 4.5 Tabela de resposta para o rácio sinal/ruído para a rugosidade da superfície**

| Nível | Tempo de impulso iis | Tempo de desativação do impulso iis | Tensão do fio kg-f | Alimentação do fio mm |
|---|---|---|---|---|
| 1 | 0.45194 | 0.89587 | 0.45330 | 0.56812 |
| 2 | 0.88754 | 0.22890 | 1.27044 | 0.45746 |
| 3 | 0.45883 | 1.06043 | 0.13714 | 0.74117 |
| 4 | 0.84697 | 0.01399 | 0.78712 | 1.11088 |
| Delta | 1.33947 | 1.28933 | 1.72374 | 1.67901 |
| Classificação | 3 | 4 | 1 | 2 |

A tabela de resposta para a relação sinal-ruído é apresentada na tabela 4.5 e observa-se que o valor delta para a relação sinal-ruído é mais elevado para a tensão do fio, seguido do avanço do fio, do tempo de impulso ligado e do tempo de impulso desligado.

**Tabela 4.6 Tabela de resposta para as médias da rugosidade da superfície**

| Nível | Tempo de impulso iis | Tempo de desativação do impulso iis | Tensão do fio kg-f | Alimentação do fio |
|---|---|---|---|---|
| 1 | 1.0583 | 0.9178 | 1.0580 | 1.0713 |
| 2 | 0.9090 | 1.0305 | 0.8820 | 0.9550 |
| 3 | 0.9490 | 0.8945 | 0.9870 | 0.9278 |
| 4 | 0.9267 | 1.0002 | 0.9160 | 0.8890 |
| delta | 0.1493 | 0.1360 | 0.1760 | 0.1823 |
| Classificação | 3 | 4 | 2 | 1 |

A tabela de resposta para o rácio sinal-ruído é apresentada na tabela 4.6 e observa-se que o valor delta para as médias é mais elevado para a alimentação do fio, seguido da tensão do fio, do tempo de impulso ligado e do tempo de impulso desligado.

**Tabela 4.7 Análise de variância para os rácios S/N para a rugosidade da superfície**

| Fonte | DF | Seq SS | Adj EM | F | P |
|---|---|---|---|---|---|
| Tempo de ativação do impulso | 3 | 0.05391 | 0.017971 | 1.91 | 0.304 |
| Tempo de desativação do impulso | 3 | 0.05065 | 0.016885 | 1.79 | 0.322 |
| Tensão do fio | 3 | 0.07340 | 0.024468 | 2.60 | 0.227 |
| Alimentação do fio | 3 | 0.07392 | 0.024640 | 2.62 | 0.225 |
| Erro residual | 3 | 0.02824 | 0.009415 | | |

| Total | 15 | 0.28013 | | | |
|---|---|---|---|---|---|

A análise da variância da tabela 4.7 para a rugosidade da superfície mostra que o rácio F é mais elevado para o avanço do fio, ou seja, o avanço do fio é o parâmetro mais eficaz na rugosidade da superfície.

**Tabela 4.8 Tabela de resposta para os rácios SN para a largura do corte**

| Nível | Tempo de impulso iis | Tempo de desativação do impulso iis | Tensão do fio kg-f | Alimentação do fio mm |
|---|---|---|---|---|
| 1 | 12.98 | 15.60 | 19.79 | 18.43 |
| 2 | 13.13 | 14.24 | 17.94 | 20.21 |
| 3 | 23.58 | 18.53 | 15.34 | 14.63 |
| 4 | 19.29 | 20.61 | 15.92 | 15.71 |
| Delta | 10.61 | 6.36 | 4.45 | 5.59 |
| Classificação | 1 | 2 | 3 | 4 |

A tabela de respostas para o rácio sinal-ruído é apresentada na tabela 4.8 e observa-se que o valor delta, ou seja, o desvio padrão, é mais elevado para o tempo de impulso ligado, seguido do tempo de impulso desligado, da alimentação do fio e da tensão do fio.

**Quadro 4.9 Quadro de resposta para as médias da largura do corte**

| Nível | Tempo de impulso iis | Tempo de desativação do impulso iis | Tensão do fio kg-f | Alimentação do fio mm |
|---|---|---|---|---|

| | | | | |
|---|---|---|---|---|
| 1 | 0.2325 | 0.1775 | 0.1475 | 0.1600 |
| 2 | 0.2225 | 0.2050 | 0.1675 | 0.1425 |
| 3 | 0.1025 | 0.1725 | 0.1800 | 0.1975 |
| 4 | 0.1100 | 0.1125 | 0.1725 | 0.1675 |
| Delta | 0.1300 | 0.0925 | 0.0325 | 0.0550 |
| Classificação | 1 | 2 | 4 | 3 |

A tabela de resposta para as médias é tabulada na tabela 4.9 para a largura do corte e verificou-se que o desvio padrão é mais elevado para o tempo de impulso, seguido do tempo de desativação do impulso, da alimentação do fio e da tensão do fio. O tempo de impulso tem mais efeito na resposta do que os outros três factores.

**Quadro 4.10 Quadro de análise de variância para a largura do corte**

| Fonte | DF | Seq SS | Adj EM | F | P |
|---|---|---|---|---|---|
| Tempo de ativação do impulso | 3 | 0.059119 | 0.019706 | 3.95 | 0.144 |
| Tempo de desativação do impulso | 3 | 0.018219 | 0.006073 | 1.22 | 0.438 |
| Tensão do fio | 3 | 0.002319 | 0.000773 | 0.15 | 0.920 |
| Alimentação do fio | 3 | 0.006319 | 0.002106 | 0.42 | 0.751 |
| Erro residual | 3 | 0.014969 | 0.004990 | | |
| Total | 15 | 0.100944 | | | |

A análise da variância da tabela 4.10 para a rugosidade da superfície mostra que o rácio F é mais elevado para o tempo de impulso, ou seja, o tempo de impulso é o parâmetro mais eficaz na rugosidade da superfície.

**4.5 Modelação empírica**

É efectuada uma modelação empírica e são obtidas as equações de regressão. Os valores R2 são calculados O R-quadrado (R2) é uma medida estatística que representa a proporção da variância de uma variável dependente que é explicada por uma ou mais variáveis independentes num modelo de regressão

$$\text{Regression Equastion } R^2 = 1 - \frac{\text{un explained variation}}{\text{total variation}} \qquad (4.9)$$

$u$ variação não explicada

Equação de regressão R =     1j     ::               (4.9)

O modelo de resumo dos valores Rsq

**MRR = 53,9 - 0,017 TEMPO DE ACTIVAÇÃO DO IMPULSO - 0,1661 TEMPO DE DESACTIVAÇÃO DO IMPULSO - 0,863**

**TENSÃO DO FIO - 0,1037 ALIMENTAÇÃO DO FIO**

$R^2$ valores para MRR é 49,83 %

**Rugosidade da superfície = 2,029 - 0,0354 TEMPO DE ACTIVAÇÃO DA PULSA + 0,00111 TEMPO DE DESACTIVAÇÃO DA PULSA - 0,0321 TENSÃO DO FIO - 0,00574 ALIMENTAÇÃO DO FIO**

$R^2$ valores para a rugosidade da superfície são 40,74 %

**Largura da curva = 0,828 - 0,00487 TEMPO DE ACTIVAÇÃO DA PULSA - 0,00227 TEMPO DE DESACTIVAÇÃO DA PULSA + 0,0088 TENSÃO DO FIO + 0,00078 ALIMENTAÇÃO DO FIO**

$R^2$ valores para a largura do corte são 60,05 %

$R^2$ para os três parâmetros do processo.

**Tabela 4.11 Coeficientes relacionais cinzentos médios, grau relacional cinzento e classificação**

| Exp | Tempo | Tempo de | Tensão | Alimentação | MRR | Rugosidade | Largura | COEFICIENTE |
|-----|-------|----------|--------|-------------|-----|------------|---------|-------------|

| n.º | de ativação do impulso (ps) | desativação do impulso (gs) | do fio kg-f | do fio (mm) | mm³ / min | da superfície gm | do perfil mm | RELACIONAL CINZENTO MRR Mm³ / min | Rugosidade da superfície gm | Largura do perfil mm |
|---|---|---|---|---|---|---|---|---|---|---|
| 1 | 125 | 35 | 10 | 30 | 37.08 | 1.196 | 0.24 | 1 | 0.333333 | 0.371429 |
| 2 | 125 | 45 | 11 | 40 | 33.29 | 1.116 | 0.28 | 0.598304 | 0.372009 | 0.333333 |
| 3 | 125 | 55 | 12 | 50 | 27.49 | 0.958 | 0.27 | 0.370528 | 0.482596 | 0.342105 |
| 4 | 125 | 65 | 13 | 60 | 25.79 | 0.963 | 0.14 | 0.333333 | 0.478099 | 0.52 |
| 5 | 135 | 35 | 11 | 50 | 33.12 | 0.736 | 0.22 | 0.587715 | 0.828756 | 0.393939 |
| 6 | 135 | 45 | 10 | 60 | 31.48 | 0.977 | 0.23 | 0.502001 | 0.46594 | 0.382353 |
| 7 | 135 | 55 | 13 | 30 | 31.64 | 0.981 | 0.26 | 0.509247 | 0.462579 | 0.351351 |
| 8 | 135 | 65 | 12 | 40 | 26.26 | 0.942 | 0.18 | 0.342848 | 0.497575 | 0.448276 |
| 9 | 145 | 35 | 12 | 60 | 29.24 | 0.933 | 0.16 | 0.418613 | 0.506417 | 0.481481 |
| 10 | 145 | 45 | 13 | 50 | 35.15 | 0.914 | 0.20 | 0.745215 | 0.526154 | 0.419355 |
| 11 | 145 | 55 | 10 | 40 | 31.39 | 0.956 | 0.02 | 0.498015 | 0.484419 | 1 |
| 12 | 145 | 65 | 11 | 30 | 28.06 | 0.993 | 0.03 | 0.38493 | 0.45278 | 0.928571 |
| 13 | 155 | 35 | 13 | 40 | 27.07 | 0.806 | 0.09 | 0.360588 | 0.675889 | 0.65 |
| 14 | 155 | 45 | 12 | 30 | 36.24 | 1.115 | 0.11 | 0.87047 | 0.372549 | 0.590909 |
| 15 | 155 | 55 | 11 | 60 | 30.31 | 0.683 | 0.14 | 0.454692 | 1 | 0.52 |
| 16 | 155 | 65 | 10 | 50 | 29.36 | 1.103 | 0.10 | 0.422372 | 0.379157 | 0.619048 |

Quadro 4.12 ANÁLISE RELACIONAL CINZA

| Exp não | Tempo de ativação do impulso ps | Tempo de desativação do impulso ps | Tensão do fio kg-f | Alimentação do fio mm | MRR Mm /min³ | Rugosidade da superfície pm | Largura do perfil mm | GRG | Classificação |
|---|---|---|---|---|---|---|---|---|---|
| 1 | 125 | 35 | 10 | 30 | 37.08 | 1.196 | 0.24 | 0.568254 | 6 |
| 2 | 125 | 45 | 11 | 40 | 33.29 | 1.116 | 0.28 | 0.434549 | 14 |
| 3 | 125 | 55 | 12 | 50 | 27.49 | 0.958 | 0.27 | 0.39841 | 16 |

| 4 | 125 | 65 | 13 | 60 | 25.79 | 0.963 | 0.14 | 0.443811 | **12** |
| 5 | 135 | 35 | 11 | 50 | 33.12 | 0.736 | 0.22 | 0.60347 | 4 |
| 6 | 135 | 45 | 10 | 60 | 31.48 | 0.977 | 0.23 | 0.450098 | **11** |
| 7 | 135 | 55 | 13 | 30 | 31.64 | 0.981 | 0.26 | 0.441059 | **13** |
| 8 | 135 | 65 | 12 | 40 | 26.26 | 0.942 | 0.18 | 0.429566 | **15** |
| 9 | 145 | 35 | 12 | 60 | 29.24 | 0.933 | 0.16 | 0.468837 | **10** |
| 10 | 145 | 45 | 13 | 50 | 35.15 | 0.914 | 0.20 | 0.563574 | 7 |
| 11 | 145 | 55 | 10 | 40 | 31.39 | 0.956 | 0.02 | 0.660811 | **1** |
| 12 | 145 | 65 | 11 | 30 | 28.06 | 0.993 | 0.03 | 0.588761 | 5 |
| 13 | 155 | 35 | 13 | 40 | 27.07 | 0.806 | 0.09 | 0.562159 | 8 |
| 14 | 155 | 45 | 12 | 30 | 36.24 | 1.115 | 0.11 | 0.611309 | 3 |
| 15 | 155 | 55 | 11 | 60 | 30.31 | 0.683 | 0.14 | 0.658231 | 2 |
| 16 | 155 | 65 | 10 | 50 | 29.36 | 1.103 | 0.10 | 0.473526 | 9 |

A coluna 4.12 do quadro acima mostra a tabulação do grau de relação cinzenta e a classificação das tabulação do grau de relação cinzenta e a classificação das experiências com base no resultado pretendido, ou seja, elevada taxa de remoção de material, baixa rugosidade superficial e menor largura de corte.

# CAPÍTULO - 5

# RESULTADOS E DEBATES

## 5.1 Introdução

Este capítulo trata da análise dos dados experimentais obtidos na electroerosão por fio utilizando a análise relacional cinzenta de Taguchi e os rácios sinal-ruído correspondentes. A análise para a otimização dos parâmetros do processo foi discutida como310 nas secções seguintes.

## 5.2 Análise dos parâmetros de saída (310)

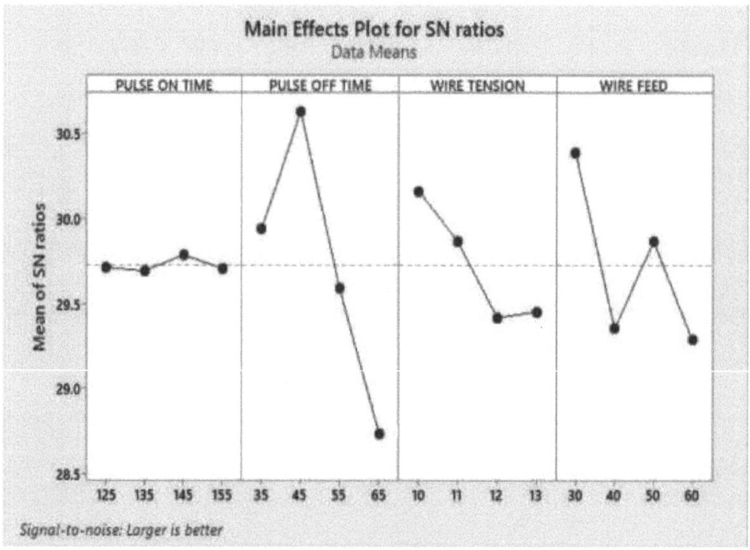



**Figura 5.1 Gráfico de efeitos principais para MRR**

O gráfico da relação S/N para o MRR mostrou que A3B2C1D1 são os parâmetros significativos, ou seja, o tempo de ativação do impulso a 145p.s, o tempo de desativação do impulso a 45p.s, a tensão do fio a 10kg-f e o avanço do fio a 30mm são a combinação óptima de parâmetros.

A análise de variância da tabela 4.4 para a taxa de remoção de material mostrou que o rácio F é mais elevado para o tempo de desativação do impulso, ou seja, o tempo de desativação do impulso é o parâmetro mais eficaz.

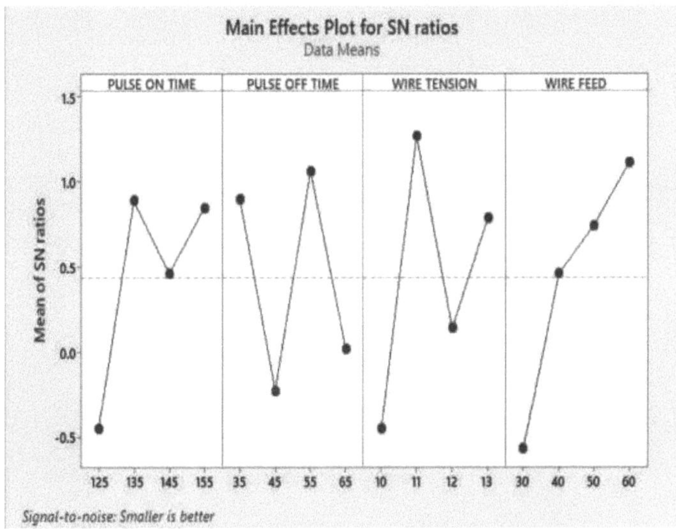



**Figura 5.2 Gráfico de efeitos principais para a rugosidade da superfície**

O gráfico do rácio S/N para a rugosidade da superfície mostrou que A1B2C1D1 são parâmetros significativos, ou seja, o tempo de impulso a 125p.s, o tempo de desativação do impulso a 45p.s, a tensão do fio a 10 kg-f e a alimentação do fio a 30mm são o conjunto ótimo de parâmetros para a rugosidade da superfície.

A análise de variância da tabela 4.7 para a rugosidade da superfície mostrou que o rácio F é mais elevado para o avanço do fio, ou seja, o avanço do fio é o parâmetro mais eficaz.

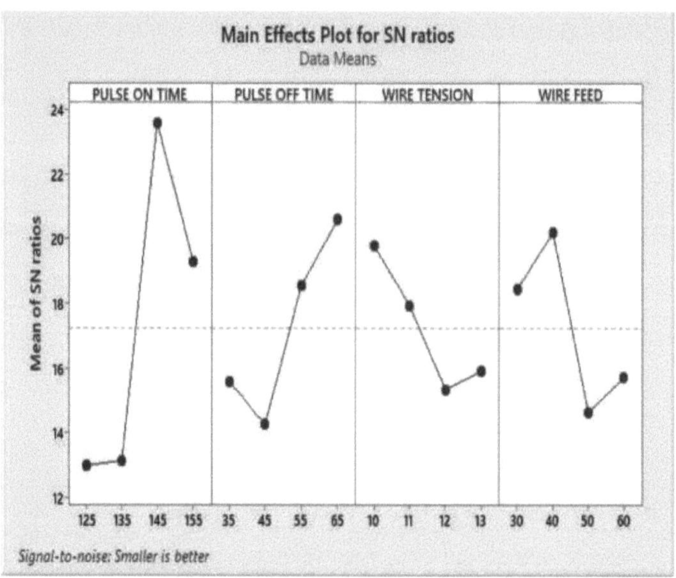


**Figura 5.3 Gráfico de efeitos principais para a largura do corte**

O gráfico da relação S/N para a largura do corte mostra que A1B2C3D3 são os parâmetros significativos, ou seja, o tempo de impulso a 125p.s, o tempo de desativação do impulso a 45p.s, a tensão do fio a 12kg-f e o avanço do fio a 50mm é o conjunto ótimo de parâmetros para a largura do corte.

A análise de variância da tabela 4.10 para a largura de corte mostrou que o rácio F é mais elevado para o tempo de impulso, ou seja, o tempo de impulso é o parâmetro mais eficaz.

A análise relacional cinzenta é realizada e a décima primeira experiência mostrou a otimização multiobjectivo em que o tempo de impulso a 145p.s, o tempo de desativação do impulso a 55p.s, a tensão do fio a 10kg-f e a alimentação do fio a 50mm. mostrou o desempenho ótimo com MRR 31,39 mm$^3$ /min rugosidade da superfície 0,956p.m e largura do corte a 0,02mm.

## 5.3 TESTE DE CONFIRMAÇÃO

Os testes de confirmação dos parâmetros óptimos com os respectivos níveis são realizados para avaliar as caraterísticas de qualidade da EDM de fio. A confirmação dos resultados para a peça de trabalho é a seguinte.

A experiência 11 da Tabela 4.12 apresenta o grau relacional cinzento mais elevado, indicando que o conjunto de parâmetros de processo ótimo A3B3C1D2 tem as melhores caraterísticas de desempenho múltiplo entre as dezasseis experiências, que podem ser comparadas com os valores previstos. A Tabela 5.1 mostra a comparação dos resultados experimentais utilizando a matriz ortogonal A3B3C1D2 com os valores previstos. Os valores previstos.

**Tabela 5.1 Comparação dos parâmetros do processo**

| | Parâmetros de processo óptimos | |
| --- | --- | --- |
| | **Previsto** | **Experiência** |
| Nível | A3B3C2 | A3B3C2 |
| MRR ($mm^3$ /min) | 28.06 | 31.39 |
| Rugosidade da superfície (gm) | 1.196 | 0.956 |
| Largura do perfil (mm) | 0.27 | 0.02 |

## 5.4 RESUMO

Este capítulo trata do efeito dos parâmetros do processo nos parâmetros de desempenho, como o tempo de maquinagem, o MRR, a rugosidade da superfície e a largura do corte. Os principais gráficos de efeito para rácios S/N mostram a combinação óptima de parâmetros utilizando o software MATLAB R19. O capítulo seguinte trata das conclusões e das possibilidades para o futuro.

# CAPÍTULO - 6

## CONCLUSÕES E ÂMBITO DO TRABALHO FUTURO

### 6.1 CONCLUSÕES

Utiliza-se um modelo de máquina de descarga eléctrica de fio para realizar a maquinação de furos passantes na peça de trabalho em aço AISI 310.

O presente trabalho permite tirar as seguintes conclusões.

Maquinação AISI 310 Os orifícios passantes são maquinados na peça de trabalho com uma espessura de 8 mm e o fio do elétrodo tem um tamanho de 0,25 mm$^2$ com água desionizada como meio dielétrico, variando os parâmetros de controlo como o tempo de impulso, o tempo de desativação do impulso, a tensão do fio e a alimentação do fio. Os efeitos dos parâmetros do processo nos parâmetros de desempenho como o tempo de maquinagem, MRR e rugosidade da superfície e largura de corte são discutidos em pormenor e os resultados constituintes são obtidos.

> Os parâmetros óptimos obtidos através da observação dos gráficos do rácio SN são A3B2C1D1 para a taxa de remoção de material, ou seja, tempo de pulso em 145, tempo de pulso desligado em 45, tensão do fio em 10, alimentação do fio em 30.

> Os parâmetros óptimos obtidos através da observação dos gráficos são A1B2C1D1 para a rugosidade da superfície, ou seja, tempo de ativação do impulso a 125, tempo de desativação do impulso a 45, tensão do fio a 10 e alimentação do fio a 30.

> Os parâmetros óptimos obtidos através da observação dos gráficos são A1B2C3D3 para a largura do corte, ou seja, tempo de ativação do impulso a 125, tempo de desativação do impulso a 45, tensão do fio a 12 e alimentação do fio a 50. Tem uma largura de corte inferior.

> Ao efetuar a análise de regressão, verificou-se que a largura do corte é o parâmetro de saída mais afetado, uma vez que contém o valor R-Sq mais elevado, ou seja, 81,45%.

> Foi efectuada uma análise de Grey e foram encontrados parâmetros óptimos para todos os quatro parâmetros do processo: tempo de ativação do impulso a 145 ^s, tempo de desativação

do impulso a 55p.s, tensão do fio a 10kg-f e alimentação do fio a 40. Ou seja, com estes parâmetros de entrada, obtém-se uma elevada taxa de material e uma menor rugosidade da superfície e largura do corte.

## 6.2 ÂMBITO DOS TRABALHOS FUTUROS

> No presente trabalho, o tempo de ativação do impulso, o tempo de desativação do impulso e a tensão do fio são considerados como parâmetros de entrada. O trabalho também pode ser alargado considerando o material do elétrodo, a condutividade do dielétrico e o diâmetro do elétrodo como parâmetros de entrada.

> O impacto de diferentes materiais para os procedimentos da peça de trabalho nos parâmetros do processo de EDM de fio pode ser estudado no futuro.

# REFERÊNCIAS

[1] M. Durairaj, D. Sudharsun e N. Swamynathan, "Análise das Limitações do Processo em EDM de Fio com Aço Inoxidável usando o Método de Taguchi de Objetivo Único e o Grau Relacional Cinzento de Objetivo Múltiplo," Procedia Engg, vol. 64, 2013, pp. 868 - 877.

[2] W. G. Bae, Kim, K. Y. Song, Jeong, Chong e Chu, "Engineering Stainless Steel Surface via Wire Electrical Discharge Machining for Controlling the Wet ability, " Surface and Coatings Technol, vol. 275, 2015, pp. 316-323.

[3] Y. Kaya e N. Kahraman, "An investigation into the explosive welding/cladding of Grade A ship steel/AISI 316L austenitic stainless steel," Mater and Des, vol. 52, 2013, pp. 367-372.

[4]. P. Raju, M. M. M. Sarcar e B. Satyanarayana, "Otimização das limitações de maquinação por descarga eléctrica de fio para a rugosidade da superfície em aço inoxidável 316l utilizando uma experiência fatorial," Procedia Mater Sci, vol. 5, 2014, pp. 1670-1676.

[4] S. Sarkar, M. Sekh, S. Mitra, B. Bhattacharyya, "Modeling and optimization o f wire electrical discharge machining of TiAl in trim cutting operation," J of Mater Process Technol, vol. 205, 2008, pp. 376-387.

[5] C. Bhaskar Reddy, V. Diwakar Reddy e C. Eswara Reddy, "Experimental Investigations on Mrr And Surface Roughness of En 19 & Ss 420 Steels In Wire edm Using Taguchi," Int J Engg Sci Technol, vol. 4, 2012, pp. 46034614.

[6] Ching An Huang, Chwen Lin Shih, Kung Cheng Li e YauZen Chang, "The surface alloying behavior of Martensitic stainless steel cut with wire electrical discharge machine," App Surface Sci, vol. 252, 2006, pp. 29152926.

[7] C. A. Huang, F.Y. Hsu e S. J. Yao, "Microstructure analysis of the Martensitic stainless steel surface fine-cut by the wire electrode discharge machining (WEDM)," Mater Sci Engg, vol. 371, 2004, pp. 119-126.

[8] Suresh Kataria, Manish Bajaj, Sunil Kadiyan e Anand Kumar, Investigação experimental numa máquina WEDM.

[9]  Utilização de técnicas de Taguchi para otimização de parâmetros de processo, Jornal Internacional de Investigação em Engenharia Mecânica e Tecnologia, vol. 5762, pp. 234-238, 2013

[10] Parameswara Rao Rao C V S e Sarcar M, Evaluation of optimal parameters for machining brass with wire cut EDM, Journal.

Printed by Books on Demand GmbH, Norderstedt / Germany